高等职业教育服装专业信息化教学新形态系列教材

丛书顾问：倪阳生 张庆辉

童装设计

CHILDREN'S CLOTHING DESIGN

主 编 叶淑芳

副主编 宋东霞 王铁众 徐曼曼 钟晓琼

北京理工大学出版社

BEIJING INSTITUTE OF TECHNOLOGY PRESS

内 容 提 要

本书以项目制引导教学，共5个项目，包括童装设计鉴赏与审美、童装的设计流程与技巧、童装的风格与流行、童装样板、新国风童装。本书内容上从童装艺术欣赏、美学原理，到童装设计流程、样板制图，延伸出童装品牌案例分析以及品牌产品发布策划等，有助于读者以轻松便捷的方式快速形成信息体系。

本书可供高职高专院校服装设计专业学生使用，也可供从事服装设计与加工的有关人员参考。

图书在版编目（CIP）数据

童装设计 / 叶淑芳主编.—北京：北京理工大学出版社，2020.1（2020.2重印）
ISBN 978-7-5682-7754-9

Ⅰ.①童… Ⅱ.①叶… Ⅲ.①童服 – 服装设计 – 高等学校 – 教材 Ⅳ.① TS941.716

中国版本图书馆 CIP 数据核字（2019）第 239890 号

出版发行／北京理工大学出版社有限责任公司
社　　址／北京市海淀区中关村南大街 5 号
邮　　编／100081
电　　话／（010）68914775（总编室）
　　　　　（010）82562903（教材售后服务热线）
　　　　　（010）68948351（其他图书服务热线）
网　　址／ http://www.bitpress.com.cn
经　　销／全国各地新华书店
印　　刷／天津久佳雅创印刷有限公司
开　　本／ 889 毫米 ×1194 毫米　1/16
印　　张／6　　　　　　　　　　　　　　　　责任编辑／钟　博
字　　数／166 千字　　　　　　　　　　　　　文案编辑／钟　博
版　　次／2020 年 1 月第 1 版　2020 年 2 月第 2 次印刷　　责任校对／周瑞红
定　　价／42.00 元　　　　　　　　　　　　　责任印制／边心超

高等职业教育服装专业信息化教学新形态系列教材

编审委员会

丛书顾问

倪阳生　　中国纺织服装教育学会会长、全国纺织服装职业教育教学
　　　　　指导委员会主任
张庆辉　　中国服装设计师协会主席

丛书主编

刘瑞璞　　北京服装学院教授，硕士生导师，享受国务院特殊津贴专家
张晓黎　　四川师范大学服装服饰文化研究所负责人、服装与设计艺术
　　　　　学院名誉院长

丛书主审

钱晓农　　大连工业大学服装学院教授、硕士生导师，中国服装设计师
　　　　　协会学术委员会主任委员，中国十佳服装设计师评委

专家成员（按姓氏笔画排序）

马丽群	王大勇	王鸿霖	邓鹏举	叶淑芳
白嘉良	曲侠	乔燕	刘红	孙世光
李敏	李程	杨晓旗	闵悦	张辉
张一华	侯东昱	祖秀霞	常元	常利群
韩璐	薛飞燕			

总序 PREFACE

　　服装行业作为我国传统支柱产业之一，在国民经济中占有非常重要的地位。近年来，随着国民收入的不断增加，服装消费已经从单一的遮体避寒的温饱型物质消费转向以时尚、文化、品牌、形象等需求为主导的精神消费。与此同时，人们的服装品牌意识逐渐增强，服装销售渠道由线下到线上再到全渠道的竞争日益加剧。未来的服装设计、生产也将走向智能化、数字化。在服装购买方式方面，"虚拟衣柜""虚拟试衣间"和"梦境全息展示柜"等3D服装体验技术的出现，更是预示着以"DIY体验"为主导的服装销售潮流即将来临。

　　要想在未来的服装行业中谋求更好的发展，不管是服装设计还是服装生产领域都需要大量的专业技术型人才。促进我国服装设计职业教育的产教融合，为维持服装行业的可持续发展提供充足的技术型人才资源，是教育工作者们义不容辞的责任。为此，我们根据《国家职业教育改革实施方案》中提出的"促进产教融合　校企'双元'育人"等文件精神，联合服装领域的相关专家、学者及优秀的一线教师，策划出版了这套高等职业教育服装专业信息化教学新形态系列教材。本套教材主要凸显三大特色：

　　一是教材编写方面。由学校和企业相关人员共同参与编写，严格遵循理论以"必需、够用为度"的原则，构建以任务为驱动、以案例为主线、以理论为辅助的教材编写模式。通过任务实施或案例应用来提炼知识点，让基础理论知识穿插到实际案例当中，克服传统教学纯理论灌输方式的弊端，强化技术应用及职业素质培养，激发学生的学习积极性。

　　二是教材形态方面。除传统的纸质教学内容外，还匹配了案例导入、知识点讲解、操作技法演示、拓展阅读等丰富的二维码资源，用手机扫码即可观看，实现随时随地、线上线下互动学习，极大满足信息化时代学生利用零碎时间学习、分享、互动的需求。

　　三是教材资源匹配方面。为更好地满足课程教学需要，本套教材匹配了"智荟课程"教学资源平台，提供教学大纲、电子教案、课程设计、教学案例、微课等丰富的课程教学资源，还可借助平台组织课堂讨论、课堂测试等，有助于教师实现对教学过程的全方位把控。

　　本套教材力争在职业教育教材内容的选取与组织、教学方式的变革与创新、教学资源的整合与发展方面，做出有意义的探索和实践。希望本套教材的出版，能为当今服装设计职业教育的发展提供借鉴和思路。我们坚信，在国家各项方针政策的引领下，在各界同人的共同努力下，我国服装设计教育必将迎来一个全新的蓬勃发展时期！

高等职业教育服装专业信息化教学新形态系列教材编委会

童装产业的快速发展，带来社会需求层面的变化，随着国家政策的导向，童装产业对童装设计师的要求越来越高，对优秀童装设计人才的需求也越来越大。目前国内服装专业院校在童装设计方面教育的现状是：童装课程特色不明显，服装专业院校很少能向社会输送合格的童装设计师。编者利用自身实践教学经验，以个人专场童装发布会为契机，结合当下童装市场相关资料，编写出这本富有特色的童装设计教材。

　　本书在立足于童装产业发展的新思路和企业用人需求的基础上，结合系统理论、设计实践、拓展实训三方面教学内容进行编写，旨在为专业院校学生提供较为系统的童装设计知识。本书系统全面地从艺术欣赏、设计过程、设计元素分析、样板设计、实践实训、成衣效果转化等方面进行阐述，并通过基本知识讲解，力求挖掘学生的创意灵感，开拓其设计思路以及促进其创意设计成品转化，进一步提高童装设计的国际化、民族化；通过列举大量图片范例等多种形式，力求将理论性、艺术性、知识性、实用性融于一体，深入浅出，将富有特色的童装设计理论与表现方法运用于成衣效果，具有很强的实用性。

　　本书特色主要有两点：一是编写思路主要体现以应用型人才培养为目的，以实训过程为主导，以童装设计项目为模块，突出实训任务；二是适应数字化时代生活方式，将内容以"纸质书＋数字化资源"的立体化配套教材模式呈现。读者可以通过纸质书进行系统化学习，也可以通过扫描二维码随时进行拓展式学习。本书的数字化资源包括微课、课堂实录、案例分析、网站链接、小视频、发布会作品欣赏等。

　　本书由辽宁轻工职业学院叶淑芳担任主编，辽宁轻工职业学院宋东霞、王铁众、徐曼曼，大连中艺坊服饰有限公司总监钟晓琼担任副主编，本书项目一由王铁众编写，项目二由叶淑芳编写，项目三由宋东霞编写，项目四由徐曼曼编写，项目五由叶淑芳、钟晓琼编写。

　　本书在编写过程中参考国内外优秀教程及童装作品，也引用了一些专家的设计理论及各童装品牌发布会作品。"笙生"品牌、中国童模网提供图片、视频，北京汪小荷科技有限公司总监范湧提供品牌资源图片，上海 Joy&Joa 童装品牌提供发布会图片，大部分童装图片由叶子·映画设计师品牌提供，在此表示感谢。

　　由于编者水平有限，书中难免存在疏漏之处，敬请广大读者批评指正。

编　者

目录 CONTENTS

项目一
童装设计鉴赏与审美

1. 掌握童装的艺术性因素。
2. 掌握童装设计的美学法则。

1. 具备设计师的审美能力。
2. 掌握童装艺术鉴赏的方法。
3. 掌握童装市场的运营方式。

任务一　了解童装的艺术性因素

审美是人类理解世界的一种特殊形式，审美是在理智与情感、主观与客观上认识、理解、感知和评判世界上的存在。审美包括"审"和"美"。美学家蒋勋有一段话说得好："一个人审美水平的高低，决定了他的竞争力水平，因为审美不仅代表着整体思维，也代表着细节思维。给孩子最好的礼物，就是培养他的审美力。"所以，童装设计更应该注重儿童审美能力的培养，无论色彩、面料、图案还是款式都应该能让儿童感受到、触摸到服饰之美、艺术之美。

美对人的吸引是无处不在的，这是一种天生的感觉。穿着即个人的美感表现之一，从古至今人们都认为穿着得体是一种教养，让人觉得舒服。那些品位独特的服装，总能让人眼界大开，过目不忘，久久回味，甚至成为一种流行元素（图1-1）。

Pider BB 是来自中国香港的高端原创童装品牌，每件衣服的制作不只是精美的缝制及对细节的讲究，更代表了不同地方文化智慧，就像每个孩子不同的个性和想法。

图 1-1　Pider BB 童装

对一个服装设计师来说，懂得审美，就不只是会生存，而是会生活。审美对个人和社会都至关重要。对个人来讲，首先美感能熏陶个人气质，应该在有美感的环境里生活学习，才能成为气质高贵、举止优雅、浑身散发着美好气息的人，这样的人设计出来的作品，一定是让人感觉舒服的。其次要有自我的审美观，能迅速发现美、感觉到美，甚至捕捉到蕴含在审美对象深处的本质，并能快速地运用形式美法则表现出来、设计出来。对社会来讲，一个懂得审美的社会，才能够孕育出经典的文化、艺术的果实。吴冠中先生说："今天中国的文盲不多了，但美盲很多。"现在人们的生活水平和幸福指数提高了，但是社会审美水平和个人艺术修养还远远不够，审美也要从孩提时就开始培养，儿童服饰能让孩子们通过触摸获得最直观的感受，以此通对比、讨论等形式提高审美水平。

童装设计应该是一种表征，能体现社会之潮流、文化之时尚、生活之美好、个性之不同、理想之追求、审美之表达。

中国国际时装周（图1-2）于每年3月和10月分春夏、秋冬两次在北京举办，现已成为国内顶级的时装专业发布平台，成为中外知名品牌和设计师推广形象、展示创意、传播流行的国际化服务平台。

图 1-2　中国国际时装周

　　我国1500年前的蒙学读物《千字文》中有"始制文字，乃服衣裳"的词句，可见衣裳是人类进入文明社会的标志之一。从远古到现在，随着社会的发展，服装工业已经越来越成熟，所设计生产的服装也越来越时尚，但无论怎么变化，功能性（实用性）仍是第一法则。由于不同国家、不同民族、不同时代的文化和人种骨骼、肤色、人体比例的差异，儿童服装的比例、款式、色彩、图案以及面料也各不相同，但服装中体现出的人文情怀有着共同的特点，那就是美感（图1-3）。

图1-3　不同人种儿童的人体比例及着装特点

　　童装是指未成年人的服装，它包括从婴儿、幼儿、学龄儿童以及少年儿童等各年龄阶段人的着装。艺术在这里指的是童装设计风格艺术化，并不是纯粹的艺术，服装艺术应该是技术（工艺）与艺术的结合体，各种艺术对服装设计来说，都是取之不尽的宝藏，因为艺术，服装才如此多样，如此有吸引力，如此有市场。童装的艺术性较成人服装的艺术性有很大不同，童装在艺术表现方面更具有局限性，会受到传统文化、风俗习惯甚至父母的影响，因此在艺术效果上缺乏个性的表现，但由于儿童有着天真烂漫的特点，在艺术表现上又有着别具一格的体验。纵观世界的服装，其从实用性向艺术性发展，但其中的文化乃至宗教的禁锢影响了服装的发展，使服装更趋于理性化。从某种角度来说，童装与成年人服装具有相似之处，即都包括了与服装搭配的服饰品，而这些服饰品从创意设计到制作工艺都极具艺术性，与服装的搭配相得益彰（图1-4）。

如何寻找新中式
童装的设计元素

图 1-4 童装艺术文化内涵的体现

一、文化性

童装不仅是商品，更是一种文化表征，凝聚着一定的文化传承、文化素养、文化个性，体现着每个时代的审美水平，具有一定的设计文化要素，即物质因素、精神因素和社会因素。物质因素包括物质经济基础、市场运行状况等；精神因素包括设计艺术、设计审美、设计哲学等；社会因素包括设计背景等（图 1-5）。

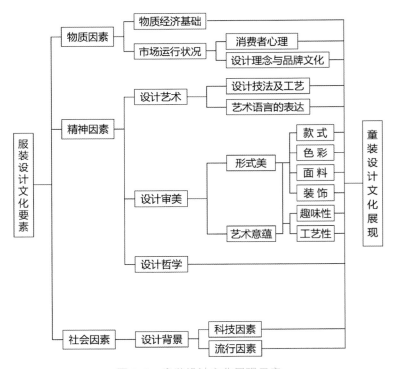

图 1-5 童装设计文化展现示意

1. 童装设计文化的物质因素

就童装来说，品牌文化是识别、传播童装知名度的重要通道。它主要包括视觉上的识别（平面设计、三维艺术处理）、理念上的识别（语言系统）、行为上的识别（实践、行为上遵循的规范与标准）和产品上的识别，这也是童装竞争力的关键。"文化共鸣—认同品牌—认购童装产品"的多边模式也是服装企业和个人工作室的发展方向，在童装方面注重美学欣赏、人体艺术解剖、前沿时尚、流行趋势、信息共享以及新材料、新工艺等方面，用最新的设计元素和最具创意的设计手法，构筑童装的多元设计文化（图1-6～图1-8）。

上海时装周始创于2001年，是中国原创设计发展推广的最优化的交流平台，2019春夏上海时装周以"个性宣言"为主题，致力于描绘出可持续价值创新的未来时尚蓝图，为产业提供更多的灵感和交融空间。

图1-6　上海时装周童装品牌发布会

图1-7　在品牌设计过程中，每一件衣服都有一个中华的故事，渗透着中华的文化情怀，达到传承文化的目的

图 1-8　知名童装商标

全球比较著名的童装品牌见表 1-1。

表 1-1　全球比较著名的童装品牌

欧美童装品牌举例	亚洲童装品牌举例
zara kids（西班牙）	BABUTU（巴布兔，中国）
OKAIDI（欧开蒂，法国）	贝蕾尔（韩国）
Name it（丹麦）	ABC（中国）
Bar bie（芭比，美国）	PEPCO（小猪班纳，中国）
Mickey（米奇，美国）	DDCat（叮当猫，中国）
Bonpoint（法国）	Balabala（巴拉巴拉，中国）
OSHKOSH（丽婴房，美国）	Kingkow（小笑牛，中国）
Naturino（意大利）	TOMKID（韩国）

2. 童装设计文化的精神因素

童装设计文化的核心是精神文化，童装设计其实是对儿童着装状态的一种设计。中国的童装设计现今已经开始注重"精神品牌"的力量，所以，设计审美和设计哲学在童装的艺术设计过程中显得尤为重要，哲学艺术和美学的融入可以让童装设计向更高级的心理和视觉感受贴近，更符合人们的精神需求（图 1-9）。

童装设计艺术的精神形态表征是指设计物品视觉形态的艺术美，主要表现为设计技法和形式语言，无论构思、感受、理念、个性、风格等都是艺术表现的范围。设计师应该善用各种面料进行创作，加之色彩的搭配，设计出令人耳目一新、极具个性的作品，表现一种统一与变化的美，使作品呈现完美的艺术效果，诠释符合儿童时尚的文化内涵，如蕴含卡通情趣、流行艺术风格、构成结构、现代科技等的艺术设计手法。这些都是集合了美学、哲学、艺术学、社会学、心理学、工程学等学科知识的审美表现形式，既表达了人们对物质和精神生活的协调需求，又体现了当今社会人们的生活方式和思想观念，是时代、科技、思想、艺术以及审美的综合体（图 1-10）。

图 1-9　童装设计精神因素的体现

图 1-10　童装精神内涵的体现

3．童装设计文化的社会因素

流行是童装设计文化社会因素的重要特点，流行设计要考虑的最基本的问题是：儿童每个年龄段的体态特征和心理特点以及家长的心理。所处的生活环境、接受的教育，甚至其他小朋友的影响，都会左右儿童的审美。此外，家长素质的高低更会潜移默化地影响孩子。设计师应该更多地了解当下的流行因素，例如，可以关注每年的服装流行趋势、流行色等发布会，使童装设计紧跟时代步伐。

科技的发展给童装产业带来了更多的机遇，各种新的触感面料、新的工艺技术、新的生态环保材料的出现以及我国"一带一路"倡议的实施，推动童装产业向世界更远的地方发展（图 1-11）。

图 1-11　童装设计社会因素的体现

二、时尚性

"时尚"一词最早出现在 14 世纪欧洲的宫廷，是贵族们的虚荣心和奢华生活以及个人社会地位的体现，是上流社会的专属品。随着时代的发展，在今天，时尚的范围更广了，指的是时尚潮流，是一个时期的流行风气与社会环境，是流行文化的表现。时尚的事物可以指生活中的任何事物，例如时尚发型、时尚人物、时尚生活、潮流品牌、潮流服饰等。

法国时尚学院（IFM）和巴黎 HEC 商学院认为：懂得穿着的内涵对于是时尚最重要的，时装是一种态度，和谐的组合、色彩的搭配、产品的多样性反映了设计师内在的品位与修养。

1. 流行与时尚

流行与时尚拥有不同的市场定位，一般来说流行是大众化的，而时尚相对而言是比较小众化的、前卫的。一种服装从小众化渐渐变得大众化便是流行，而时尚往往还是一个人的整体穿着、言行等因素的体现。时尚结合流行的元素和小细节，经过拼凑和搭配，展现个性和品位（图 1-12）。

图 1-12　2019 春夏流行趋势之"热带棕榈"

2. 快时尚与慢时尚

快时尚也称快速时尚，是指品牌可以将最新的春、夏、秋、冬各个季节的流行时尚元素在最短的时间内重新设计，组织生产并以低廉的价格快速推向市场的商业模式，其特点是更新快，其更新变化周期是一周两次，价格亲民、顺应时尚，体现了大众化、便宜、样式多的特色。

慢时尚也称慢速时尚，但并非字面上"慢"的意思，其设计制作与时间长短无关，一般指的是理性、持久、永恒、个性，慢出风格却无法被替代的一种时尚。其特点是经典、持久、独特，这种时尚多久都不会被淘汰。慢时尚品牌也被称为奢侈品牌，近年来随着人们生活水平的提高，奢侈品牌受到了人们的追捧，同时具有独创性的私人定制产品和手工艺品也是慢时尚的一大特色（图 1-13）。

图 1-13　童装的奢侈品牌

三、艺术性

提起艺术，人们总是有些迷茫，普通人只知道一些艺术家，比如达·芬奇、毕加索、凡·高、王羲之、齐白石、林风眠、梅兰芳等，人们看他们的作品，比如观摩画展、观摩时装表演、观看戏剧、参加音乐会甚至观看电影等，都是在参加艺术活动。反之，作为艺术家，大到设计时装、画画、写诗、跳舞、写书法等，小到平时的着装搭配、化妆、发型、言谈举止等都能体现出一种情怀，那就是艺术意蕴。艺术无处不在，因为有了艺术，人们才看得见美。从童装设计来说，借鉴一些优秀的艺术语言或表现技巧是必要的，这也是童装设计文化的表现特征（图 1-14）。

1. 艺术思潮——总有一些艺术家让你兴奋

艺术发展史，就是一部人类发展的历史。作为服装设计师，必须了解艺术发展史、服装发展史，熟知那些有名的艺术思潮或流派，并加以研究，汲取营养和创新。下面从艺术发展史中选取对服装设计发展有影响的流派进行介绍。

图 1-14　具有较强艺术表现力的童装

　　达达主义是 20 世纪初在欧洲产生的一种资产阶级的文艺流派。达达主义是一种无政府主义的艺术运动，它试图通过废除传统的文化和美学形式发现真正的现实，波及视觉艺术、文学（主要是诗歌）、戏剧和美术设计等领域，达达主义者采用了巴枯宁的口号：破坏就是创造。因为达达主义激进的破旧立新观，20 世纪大量的现代及后现代流派得到长足发展。没有达达主义者的努力，这些是很难实现的（图 1-15）。

　　达达主义作品经常给人一种玩世不恭的印象，常常有荒诞恶作剧式的作品出现，甚至有些作品"臭名远扬"，轰动一时。达达主义的表现手法之一是偶发性，偶发是指客观事物在运动发展的过程中，因不可控的因素介入而自由发生的现象，这种现象虽然偏离控制，但使事物更为天然、生动，尽显本真，往往能起到画龙点睛、锦上添花的效果。达达主义的另一表现手法是破坏性，即破坏一切、砸乱一切，这个情绪被美国艺术家转化为在一定艺术范围内的除旧迎新的姿态（图 1-16）。

亚历山大·麦昆
官方秀场

图 1-15　达达主义作品（汉斯·阿尔普）

图 1-16　具有达达主义元素的童装

　　20 世纪 90 年代初，解构主义成为服装设计的一种风格，并成为时装界的宠儿，解构主义的"结果常常是标新立异，变化层出，活泼恣肆"的观点与达达主义不谋而合。解构主义设计师三宅一生提出"一块布"（A-POC）理念，即用最少的裁剪缝合制作服装，这种设计哲学的革新具有理想主义色彩，以及很深刻的现实意义。在童装设计上，达达主义和解构主义的运用，在增强设计师的个性和实现个人设计理念方面有着积极的意义（图 1-17）。

图 1-17　具有解构主义元素的服装

2. 艺术创意——总有一些设计师改变你的生活

　　乔治·布雷西亚是美国潮流风格引导者，是无数好莱坞明星、百老汇明星的御用造型师、私人形象顾问。2016 年他出版了《改变你的服装，改变你的生活》一书，通过这本书，他表达了两个观点：一是好的装束可以改变一个人的生活；二是服装风格是一种语言（图 1-18）。

3. 艺术体验——孩子都是天生的艺术家

　　毕加索曾说过："每一个孩子都是天生的艺术家。"

　　儿童不受任何功利目的的指使，知觉和感觉会自然抒发，儿童这种无意识的状态，保存了儿童的纯真，体现了人类最初的真善美。孩子们的衣服也许会很脏，但那是他们热爱生命、热爱色彩、热爱想象的结果。那些有新意、时代感强的童装能起到意想不到的作用，因此，对于儿童来说，正因为"我感觉了，所以我看、我听、我唱、我跳、我画、我笑……所以我存在"。童装设计还需真正地以儿童为中心。首先，孩子是具有艺术天性的，对服装有一定的要求，他们需要感觉到美，而且与众不同才好。其次，童装设计师需要了解孩子，去发现其艺术兴趣所在，找出其艺术敏感点，然后设计相应的童装，为孩子的人格发展和艺术发展提供必要的指导和引领（图1-19）。

图 1-18　具有创意风格的童装

图 1-19　儿童都有热爱艺术的天性

四、实用性

"先实用后审美"是艺术设计的原则，良好的实用功能本身也是美的创作原则，对于童装设计来说，实用性决定了产品的销量。因此，在童装设计之初，就要考虑实用的原则，具体包括舒适性、便捷性、趣味性、时尚性等。此外，还需要遵循天然、健康、环保的原则，注重品牌意识、经济实惠、营销策略等。在当代童装设计上，实用性与安全性是最基本的原则（图1-20、图1-21）。

图1-20　具有实用性的童装

图1-21　先实用后审美

1．款式造型和色彩运用上的实用性

款式造型的实用性表现在童装整体造型和款式比例以及细节处理方面。童装设计师应该注重儿童的生长发育特点，也就是说款式设计要符合各阶段儿童的身心发展，有积极向上的因素。设计时既要眼光独特，又要开拓创新，要恰当地运用点、线、面等造型基本要素，在童装外部轮廓、内部结构、装饰细节等方面要考虑到时代性和社会特点，使设计出来的童装既具有鲜明的运动活力，又具有休闲的舒适感。

在童装设计的色彩运用方面，童装设计师应注重色彩的搭配效果，色彩要趋向明快、鲜艳、协调，同时还要考虑流行色的因素，在色相配色、明度配色、纯度配色三个方面要不断尝试，合理运用。例如，除了运用面料的色彩搭配，还可以用其他颜色的装饰品来进行装饰，起到一种别具风格、灵气四溢的效果（图1-22）。

图1-22　童装黄金分割比例的运用

2．工艺结构和面料选择上的实用性

工艺结构的实用性表现在童装设计上主要考虑结构调整和工艺细节处理。儿童天生好动，处于生长发育期，工艺结构应简洁、大方、安全，避免烦琐和累赘。在具体的工艺细节上必须考虑周到，缝口必须牢固、平顺、整齐，纽扣、拉链、装饰物不能粗糙，而且要牢固。

在面料选择上，既要考虑选材的一般原则，又要考虑童装的特殊性，一般应从面料的功能、色泽、质感、工艺四个方面着手。例如，什么样的面料更适合儿童的肌肤、各种染料助剂是否有害、面料的柔软程度是否合适、缝纫熨烫环节的工艺是否正确等（图1-23）。

图 1-23　工艺结构和面料的结合

任务二　学会童装设计的美学法则

在所有艺术设计领域中，设计目的均在于创造美与和谐，这称为艺术的形式美法则。它是对自然美加以分析、组织、总结，从理论上形成的变化与统一的协调美的集中概括，是一切视觉艺术都应该遵循的美学法则。童装的形式美法则主要体现在服装的造型、色彩和材料的合理应用方面。

一、比例——永恒之美

黄金分割比例是古希腊毕达哥拉斯学派最早发现的。黄金分割比例是指将整体一分为二，较大部分与整体部分的比值等于较小部分与较大部分的比值，其比值约为 0.618，一般取 0.618 ∶ 1 或 1 ∶ 1.618，这个比例是公认最能引起美感的比例。

1．服装与童体的比例

童体的胸、腰、臀比例差不是很明显，颈部和四肢部位较短，以女童体为例，可以通过服装的比例关系修饰女童体。例如，可利用腰节线的高低变化改变腰部的效果；可利用裙子、裤子的长短、肥瘦改变女童体腿部的线条；可利用上、下装的长短改变身高的比例（图 1-24、图 1-25）。

2．童装色彩比例

童装的色彩搭配应注意比例的适当分配，例如，色彩的冷暖比例、纯度比例、色彩位置分割、色彩面积的大小安排、色彩在服装上的主次关系等（图 1-26）。

3．童装部件的比例关系

童装部件的比例关系主要指童装各部位之间的比例关系，比如领子与衣身的比例关系、衣袖与衣身的比例关系、衣长与裙长的比例关系、衣袋与衣身的比例关系等。童装各部位要设计合理才能达到美观的效果（图 1-27）。

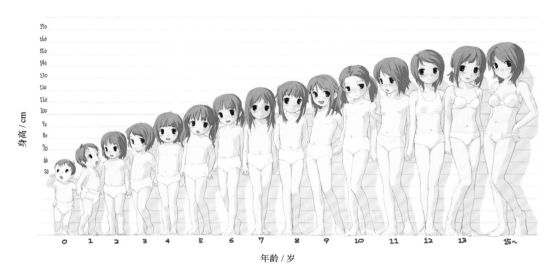

图 1-24　女童年龄身高的比例

图 1-25　女童裙装的比例

图 1-26　色彩对比搭配

图 1-27　童装部件的比例关系

二、对比——激情碰撞

对比与调和是设计中的两种对立形式，对比是两种或多种有差异的元素之间的对照，质和量相反或极不相同就会产生对比。调和是将有对比的元素进行协调，使设计效果和谐美观。没有对比就没有调和，两者相互依存又相互排斥，是一种辩证关系。

对比法则广泛运用于各类艺术领域中，当形状、色彩、明暗等的量与质相反，或者几种不同的设计要素在一起形成反差时，就形成了对比关系。在童装设计中最常见的表现形式有衣身的肥与瘦，裙子、裤子的长与短，面料的软与硬，裁剪中的曲与直等。在追求对比变化的同时，应把握好主次关系，对比的形式具体表现在以下方面。

1. 款式对比

童装的款式千变万化，仔细分析，都能够找到形式美法则中的对比关系，如需要显示女童的腰臀比例，就可以在款式设计中通过丰富臀部部位来增强对比，增加视觉上的审美程度。在童装款式设计上对比可以体现在款式的长与短、松与紧、窄与宽等方面（图 1-28）。

图 1-28　款式对比

2．色彩对比

色彩对比具体表现为色彩的冷暖对比、纯度与灰度对比、明快与暗淡对比等。在童装设计中应考虑配色对比，如紫、深紫、浅紫的同一配比，橙色与蓝色的碰撞对比等。合理科学地运用色彩对比，可以使童装的设计效果更加丰富和具有审美内涵（图1-29）。

3．面料对比

面料是童装设计中的重要元素，既要考虑美观，又要考虑穿着舒适度。童装面料的选用以及对比关系主要体现在面料的质感上，通过面料与面料之间的拼接组合完成对比效果。例如，面料的柔软与挺括、光滑与褶皱、厚重与轻薄、透明与不透明，使服装形成不同的风格（图1-30）。

图 1-29　色彩对比

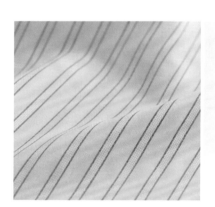

图 1-30　面料对比

三、平衡——中庸之道

平衡是指运用大小、色彩、位置等差别来实现视觉上的均等，可分为对称平衡和非对称平衡。

对称平衡在造型艺术中是极其普遍的构成形式，是指物体或图案在对称轴的左右、上下等位置的大小、排列的对应关系。对称平衡在童装设计中表现得尤为突出，是常用的设计手法，主要有左右对称、局部对称、回旋对称等。例如，女童套装的对称设计，常常表现在门襟、领子、袖口、口袋等部位，传达出端庄大方的成熟美感。

非对称平衡一般称为均衡，具有微妙的设计效果，可以以不同的形态、面积、重量、密度、大小安排，巧妙地实现平衡原理，其变化丰富、饶有趣味，凸显童装设计的精致与动感。实现童装均衡的方法多种多样，要求设计师具有丰富的想象力和灵感，能够自由地应用与实践。例如，高纯度的颜色具有攻击性，低纯度的颜色则显得柔和，可以将这两种色彩加以混合来实现均衡。图案的平衡感可以通过密度和方向来体现，图案的分配要与童装的结构一起考虑，色彩、间距、形态都会带来生动感、运动感和稳定感，更加体现儿童生动活泼的性格特征（图1-31）。

图1-31　平衡形式的运用

四、强调——突出看点

为了引起关注，一件童装中必须有较突出和明显的地方，这便是设计上的强调法则。童装上如果没有能够吸引人们视线的设计，童装就会显得平庸，缺乏趣味性，就无法满足人们追求变化与审美的感性心理，所以，好的童装设计会营造一个重点和突出部位，即设计的中心、焦点，起到画龙点睛的作用，其余部件必须对焦点起到补充作用。

强调法则在童装中一般适用于女童礼服或表演服装，主要包括色彩的强调、装饰的强调。

1．色彩的强调

色彩的强调需要根据设计主题而定，从设计意图出发，追求一种静谧感或者热烈感，以达到和谐。在童装设计中一般会选用高纯度的颜色来强调人们的视觉效果（图1-32）。

2．装饰的强调

装饰是童装中最重要、最突出的部件，表现手法极为丰富，例如，在童装某部位加以花饰、刺绣、立体图案、折叠或镶嵌等多种多样的装饰是设计师常用的手段。当然，服装的风格不同，装饰手法也会不同（图1-33）。

图 1-32　色彩的强调

图 1-33　装饰的强调

五、韵律——交响乐章

韵律也可称为节奏，原本用于音乐，现在广泛运用于各种艺术类别之中，如绘画、建筑、设计、诗歌等，是一种有秩序、有变化、不断反复的运动形式。韵律能产生轻快而生动的动感，因为有动感，所以必须要有方向性，以曲线方法设计童装比较容易获得韵律感。韵律的类型有如下几种。

1. 反复

反复是最简单、最基本的韵律表现手段，就是将设计要素进行反复的等量、等距排列，给人以安静和稳定的感觉。但是这种韵律的大面积运用有可能产生单调、平淡的效果。女童装裁剪上的褶皱、色彩、图案的反复使用，饰品在服装某部位的反复使用等，都能产生一定的韵律（图1-34）。

2. 渐变

渐变是从一种状态或位置上，逐渐向对应的状态或位置变化的过程。这种变化很微妙，可柔和地、阶段性地创造出丰富的韵律。与单纯的反复相比，渐变是在量、大小、密度、方向上从宽到窄，从大到小进行变化，更加富有戏剧性。例如，女童装衣身或裙片中线的运用，女童喇叭裙的褶皱逐渐柔和地展开，还有色彩融合的渐变，这些都可以营造出优雅、自然的渐变韵律（图1-35）。

图 1-34　反复形式的运用

图 1-35　渐变形式的运用

3．发射

发射是指从某个中心点向各个方向扩展，或者向内部聚收所产生的韵律，又叫离心韵律或向心韵律，例如花瓣、扇子的发射形态。童装设计中发射形式的运用主要体现在工艺线的缝制、装饰材料的运用方面，女童装多片裙的分割线以及领角或衣身边缘的装饰线等，都可以看成发射韵律（图1-36）。

图 1-36　发射形式的运用

六、统一——最高准则

统一是形式美法则中体现规则感的设计原理之一，规则能创造和谐与美。各设计要素之间相互融合补充，交融在一个统一的规则服装中，不凌乱，不分散，以达到视觉上的统一感。多样统一是形式美的最高准则。

在童装设计中，统一法则主要表现为材质、色彩、图案、工艺装饰等在设计手法上相似或一致，追求简洁。切忌将多种设计元素凑在一起，这样服装就会显得杂乱无章，尤其是女童装，既要注重穿着的整体性，又要在统一中富于变化，活泼又不失端庄。女童装在搭配饰品或手包时也要注意与整体服装氛围谐调。从周围环境的角度来考虑服装，统一还要符合环境氛围，即符合 TPO 设计原则（图1-37）。

总之，服装的形式美法则是设计师在长期实践中积累的经验，在进行童装设计时，应考虑各要素之间的相互关系，进行整体与细节的布局，做到和谐统一突出童装的美感，隐藏其弱点，也就是说，和谐与美是设计的终极目标。

图 1-37 童装发布会

✂ 项目二
童装的设计流程与技巧

基础目标

1. 掌握童装设计的基本要素，提升设计空间进行童装单品及系列装设计。
2. 通过案例掌握童装设计技巧。
3. 明确观点，强化技能，锻炼自身的创造力。
4. 能够解读童装设计灵感的来源及发散过程。
5. 能够分析童装廓形、色彩、面料。

拓展目标

1. 掌握童装廓形拓展方法。
2. 掌握系列童装设计方法。
3. 拓展自身设计思维方式和客观判断的能力，综合设计理念，客观分析，扩大设计范围，以男女童系列装、亲子装进行设计延伸。

任务一　建立草图册及草图册展示

建立并使用草图册的目的，是让设计师根据最初的设想来开拓思维，并通过不同的设计方案探索不同的可能性。通过改变服装的比例和细节，考虑制作的处理方法；通过调整童装局部与整体的关系或改变单品搭配来增强童装作品的完美性（图2-1、图2-2）。

图 2-1　平面款式图

图 2-2　立体贴布图

一、建立草图册

1．灵感片段收集

所有事物都能够成为服装设计师的灵感来源，例如：旅途中用相机记录下来的艺术品、小动物、花卉、风景及墙体建筑等；在咖啡馆、游乐场获得的灵感草图，或来自杂志、网络的服装图片，卷边和刺绣工艺的图片等。随时留意观察身边的一切事物，就能把这些零碎的灵感片段收集在草图册中（图2-3）。

图 2-3　灵感片段收集

2. 加工处理

一组精致的童装能够表达出设计师设计的深度与广度，在设计的过程中，请尝试从灵感开始，针对童装的廓形、结构、色彩关系、面料以及工艺处理方式等进行思考，思考如何将这些纯粹的形式上升到更高的层面，运用它们去开发新颖的信息内容，随后获得更好的研究结果和更加清晰明确的主题。

3. 选取主题

童装设计应选取鲜明易懂的主题，比如水墨画、天空、书画等。设计师要通过独特的创意思维，设计出既能体现儿童天真烂漫的特征，又能在整体上高度协调一致的童装款式（图 2-4 ~ 图 2-6）。

图 2-4　水墨画主题

图 2-5　天空主题

图 2-6　书画主题

二、草图册展示

　　绘制设计草图是设计师需要掌握的一项重要的技能。草图册是一个创意空间，设计师可以在此进行试验、提出概念、理清结构、交流心得、完善想法，甚至出现的小错误都可以在草图册中体现。简单地说，草图册就是服装设计的视觉，可以用文字、数据来做记录（图 2-7）。草图册展示有以下两点需要注意：

　　（1）条理清楚的框架。在草图册里，合理的布局会让观者对童装设计的主题、色彩、面料和廓形基调有大致的了解。

　　（2）清楚地交流。清晰的笔记、数据、图表和文字说明，能清楚地描绘设计意图的草图，有条理的页面顺序，均有助于观者正确理解设计师的推进过程。

图 2-7 草图册展示

操作须知：所有设计师在推进设计过程的时候都有自己独特的风格。在酝酿想法时，找到一套最有效的工作方法是十分必要的。这套方法不仅不会阻碍创意的发展，相反，它会让设计师设计出合意的作品。在尝试找到适合设计师自己的工作方法时，草图册的大小、纸张的质量、插图素材、每页内容的组成以及操作技巧都是必须进行实践的。

任务二　设计手稿与局部造型设计

一、设计手稿

一份优秀的设计手稿既要包含多样化的设计，同时也要展示出统一的审美取向并能准确定位目标客户群，通过设计不同季节、风格、色彩、面料的服装系列，可以展示设计师深厚的文化底蕴。

设计师须精心设计和布局设计手稿，并准确地运用绘画手段展现童装效果，通过变化的人物造型、绘图大小、背景环境、纸张材料、创作手法，确保童装设计手稿清晰易懂，注释文字、数据易于理解，服装款式生动，剪裁细节突出，作品方向明确，页面美观。

（1）单品设计手稿如图 2-8、图 2-9 所示。

（2）系列组合设计手稿如图 2-10 ~ 图 2-12 所示。

图 2-8　单品设计手稿（一）

图 2-9　单品设计手稿（二）

图 2-10　男女童流苏系列设计手稿

图 2-11　男童 T 恤字母系列设计手稿

图 2-12　男女童 T 恤图案系列设计手稿

二、局部造型设计

1. 衣领设计

衣领在童装的造型中起着重要的作用。衣领部分靠近人的脸部，是人的视觉中心和装饰的焦点，是整体服装上最重要的部分。在进行童装局部拓展设计时，要尝试从各个角度画出外形，根据服装整体廓形，为整体造型服务，然后把服装的比例和量感、形状、位置、大小、色彩等因素综合在一起进行尝试。局部细节设计不是孤立存在的，既要考虑服装细节设计与整体设计的关系，又要注意细节在整体中的布局，两者须相辅相成，协调一致（图 2-13）。

图 2-13　不同的衣领设计

2．衣袖设计

衣袖是服装设计中非常重要的部件，是上衣最重要的组成部分。衣袖是人体上肢活动幅度最大、最频繁的部分，在视觉上给人以平衡的感觉。因此衣袖的造型和形态对衣身造型的影响非常大。袖山与袖身设计不合理就会影响人体的活动，所以在童装的设计中应注重衣袖的适体性。

童装的袖型种类较多，按照袖形可分为泡泡袖、喇叭袖、花苞袖、马蹄袖、灯笼袖等；按照衣袖的长短可分为长袖、8 分袖、中袖、半袖、过肩袖、无袖等；按衣袖的结构可分为装袖、插肩袖、连袖、无袖等（图 2-14）。

3．衣袋设计

衣袋也称衣兜、口袋，是整体服装中的主要部件，既有实用性，又有一定的装饰性，其造型千变万化，可增加服装的立体性、层次感以及趣味性。童装的衣袋往往是人们视觉的中心，衣袋的不同变化可根据服装整体特点进行搭配，位置、大小、形状的变化最为自由（图 2-15）。

图 2-14　打破规矩的袖型设计

图 2-15　衣袋设计较自由

拓展实训

请学生用款式图表示 T 恤、衬衫、连衣裙、裤子、大衣外套这几种童装，并建立草图册。

要求：

（1）布局合理，绘制线条流畅。

（2）设计思路清晰，具有鲜明的特色，符合时代潮流方向。

任务三 童装设计的形、色、质

一、廓形

设计师在进行童装设计时，最常用的手法就是反复强调童装的廓形。童装的廓形是设计的根本，童装的廓形的最基本特征就是外形线的变化。童装的廓形以字母表示，主要有 A 型、H 型、X 型、O 型。

1. A 型

A 型廓形款式上肩部适体，下摆扩大，也就是上窄下宽的造型。童装中的吊带塔裙，喇叭裤，A 形连衣裙、号角型的风衣、大衣等都是上身贴体、下摆扩大的样式，A 型廓形具有动感活力、浪漫可爱等特点，是童装设计中常用的造型（图 2-16）。

2. H 型

H 型廓形童装的造型特点是肩、腰、臀、下摆均呈直线形，不收紧腰部，类似筒形。童装款式品类有修身大衣、外套，修身连衣裙，儿童直筒裤，直筒式背心裙等。H 型廓形具有修长简约、宽松舒适的特点（图 2-17）。

3. X 型

X 型廓形是一种女性化的造型，其特点是塑造肩部、收紧腰部、扩大下摆，也称沙漏形。它把人体的三围线勾勒出优美的曲线，整体线条使童装具有柔和、优美、女性化的风格特点。在童装设计中以大女童为主要对象，比如少女装大衣、风衣、外套、连衣裙等，其具有优雅青春的风格特点（图 2-18）。

4. O 型

O 型廓形童装的造型特点是整体或局部外形圆润、肩部适体、下摆微收，整个外形看起来较饱满圆润，又称为灯笼形、茧形、椭圆形。童装中婴幼儿和小童的服装大多采用这种廓形设计，例如，斗篷型外套，小灯笼裤、裙等都具有圆润的外观样式。O 型廓形的整体线条使童装具有休闲舒适、随意的特点（图 2-19）。

图 2-16 A 型廓形的不同款式

图 2-17　同款 H 型廓形的不同图案

图 2-18　不同款式的 X 型廓形造型相同

图 2-19　同款 O 型廓形的不同颜色

（1）将两个不同或相同的形部分重合，但是两个形在重合时不产生透叠效果，那么除去重合的形部分就会产生新的形状。这是童装设计中常用的方法之一，要求学生以款式图形式绘制（图2-20）。

（2）为突出服装的某个部位而使用的夸张手段，将规则的和不规则的各种形态进行重复堆叠、积累，形成膨胀的外观造型，可用于童装的小礼服设计（图2-21）。请学生按要求收集成衣图片。

（3）在传统的造型方法中，欧洲女人的裙装就是用鲸骨作支撑制造出优美的造型。可在服装内部用支撑材料以加大服装裙摆的体积感，强调轮廓特点，可用金属丝、藤条、鲸骨、竹条作为支撑物，其用于女童创意装、礼服装设计（图2-22）。请学生按要求收集成衣图片。

图2-20 左右形的变化

（4）将两个廓形的边缘相互交接，就会产生两个形互相连接的组合形，这是童装设计中经常使用的方法。其制作简单，就是把形与形之间相接的部分连接起来，从新的外形上能够看到两个形的完整造型（图2-23）。请学生按要求收集成衣图片。

图2-21 重复堆积膨胀造型　　　图2-22 裙摆内部以藤条为支撑　　　图2-23 上下形的变化

操作须知：

（1）童装设计方法、操作技术会带来服装廓形上的改变。

（2）面料的材质和肌理效果对服装廓形有全新的延展。

（3）童装比例结构的变化会对服装的廓形有所改变与创新。

（4）童装设计的比例、材质以及廓形会随着设计的深入而不断拓展，应避免设计上的重复与单调。

二、色彩与图案

1. 色彩

色彩是童装设计的灵魂，能够传达一定的情感。儿童看到自己喜爱的服装颜色时，也会产生联想，这种联想不受性别、年龄、个性的影响，例如，看到红色会联想到太阳、火，看到黄色会联想到小鸭子、香蕉，看到白色会联想到大白熊、小兔子等，这是儿童特有的思维方式和心理作用。

童装色彩的感情效果是华丽还是朴素，是高雅还是低俗，往往影响着人们的心情。通常，低明度、低纯度的色彩给人的感觉是内向的，而高明度、高纯度的色彩给人的感觉是外向的、活泼的。因此，温暖、明亮、清爽的颜色通常给人以进取、活跃的感情效果，尤其是童装的色彩运用更应考虑儿童的心理特征。

（1）色彩配比。

在童装设计中，色彩的比例、布置等每一个因素都必须有所差异，童装使用的色彩种类较多（或三种以上）时要进行比例上的调和和搭配，安排好色彩的秩序，按照美学法则或设计师的经验，需要在整体上有自然、稳定的美感，才能使人感到愉悦（图2-24）。

图 2-24　不同色彩配比的童装

思考：

（1）在系列童装设计的推进过程中，色彩配比将如何引导设计的发展方向？

（2）色彩的配比如何与设计主题相关？色彩的配比是用于服装的层次，还是配饰、外套抑或其他新品？色彩的配比关系如何迎合消费者的需求？

（3）如何使某个固有色彩给人们留下深刻的视觉印象？

（4）是大面积使用饱和度高的色彩，还是小面积使用色彩加以点缀？重点色彩在服装的哪个部位体现？

（2）色彩轻重。

色彩有轻重之感，明度高的色彩给人以轻快感，明度低的色彩给人以沉重感。在通常情况下，冷色显得重，暖色显得轻，纯度低的色彩显得重，纯度高的色彩显得轻，在自然法则中，轻的放在上面，重的在下面，这样能产生稳定感。进行童装设计时，根据这些特点及法则进行轻重配色可以取得较为理想的效果（图2-25）。

（3）色彩组合。

色彩的表达关键在于色彩的搭配与组合所产生的意境（图2-26～图2-28）。

幻想　　　幽思　　　坚强　　　天真　　　祥和

图 2-25　色彩的轻重之分

图 2-26　冷色系组合

图 2-27　暖色系组合

图 2-28　意境组合

（4）色彩采集。

童装色彩采集的范围非常广泛，可以从大自然、现代科技、绘画艺术等领域中选取素材，也可从民族文化、民间艺术中汲取灵感（图2-29、图2-30）。

（5）主题色彩。

主题色彩是最能引起情感共鸣的表现元素，作品中使用的色彩以及其与环境的搭配，可以更加深刻地表现主题，能够反映出设计师要传达的信息（图2-31、图2-32）。

图 2-29　民间艺术色彩采集　　　　　　　　　图 2-30　自然界色彩采集

图 2-31　艳丽花卉暖色主题　　　　　　　　　图 2-32　青山绿水冷色主题

拓展实训

　　根据以上图片，分析设计师通过色彩和外部环境想要传达的信息，以及不同的色彩主题所反映的服装文化内涵。

　　请学生尝试通过色彩采集，为主题色彩寻找灵感。

　　要求：

　　（1）结合知识点，进行色彩分析，了解国内外色彩流行趋势。

　　（2）分析作品时应具有鲜明的时代特色。

2．图案

　　图案是童装设计的重要组成部分，对于童装设计来说，款式、面料、色彩等设计都有各自的局限性，而图案设计则不受限制。根据儿童对世界万物充满好奇心的心理特点，将自然界中的人、动植物等以字母、卡通图案等方式运用于童装设计，不仅会带来强烈的视觉惊喜，且具有浪漫天真的童趣，可以延伸童装的文化内涵，提升童装的整体品质。

下面介绍几个童装设计中应用图案的实例。

（1）新式学院。

深受经典学院和运动风潮元素的影响，新式学院风格中优雅的格纹、夸张的字母贴布绣、凶猛的动物印花等，把学院、潮酷和运动相结合，让童装具有时髦的穿着搭配效果，令人爱不释手（图2-33）。

（2）休闲图案。

夸张的动物图案一直都是品牌童装的拿手好戏，充满神秘色彩的龙、张牙舞爪的老虎和豹子、色彩立体的猴子、经典的猫咪和小蜜蜂等休闲图案，通过传统提花工艺的制作，在色彩和造型的搭配下显得立体自然，极具品牌特点（图2-34）。

（3）时尚醒目的字母和动物图案。

设计师通过品牌logo字体效果的组合、字母的色彩渐变，把字母和动物图案完美地融合一起，使简单的T恤变得时尚醒目（图2-35）。

贴布绣在童装
设计中的应用

图 2-33　新式学院风格的格子图案

图 2-34　休闲图案（动物）

图 2-35　时尚醒目的字母和动物图案

（4）印花图案。

字母和动物的印花图案、毛衫的几何提花等色彩变化，使人仿佛遨游于梦境中的神奇世界，一切都融入绚丽多彩的童话之中（图 2-36、图 2-37）。

（5）经典 POLO 衫领子图案。

经典 POLO 衫领子的变化尤为明显，动物、字母刺绣，横机罗纹的图案变化提升了 POLO 衫的整体效果（图 2-38）。

图 2-36　印花图案（一）

图 2-37　印花图案（二）

图 2-38　经典 POLO 衫领子图案

三、面料

面料的选择和处理是童装设计的关键。如何选择服装面料是每一位设计师必须掌握的基本技能。合理地运用面料，能够丰富设计手段，不同面料的视觉感、触感、量感、肌理等性能都可以启发设计师的创作灵感，既能丰富童装设计语言，又能充分体现童装的面料美。

1. 格子呢面料

格子呢面料既柔软又舒适，非常适合制作儿童大衣、外套，同时，传统造型和青春活力造型的持续流行使格子呢成为童装系列的重点面料。外套的设计除了要考虑面料、廓形，还要考虑图案花型。图案密集排列的手法可以让童装的视觉冲击力更加强烈（图 2-39）。

图 2-39　适合童装外套的面料

2. 针织面料

颗粒状绒毛、纱节和粗毛更新了杂色混织面针织面料的形式，这种杂色混织针织面料通常带有中性色的粉末状织纹，结合触感舒适的纱线，针织纹理多采用绞索花纹针织或罗纹针织（图 2-40）。

3. 牛仔面料

色彩缤纷且强韧的牛仔面料仍然是重要的流行趋势，为休闲童装增添了重要的色彩元素。牛仔面料配上丰富的色彩水洗效果，并且采用酶化处理可以获得更加柔软的手感（图 2-41）。

4. 丝绸面料

丝绸面料手感柔软，细腻滑爽，透气轻薄，弹性较好。丝绸面料中的纺类面料质地轻薄、透气性强，适合制作夏季童装、儿童内衣、儿童连衣裙等；缎类织物质地紧密厚实、富有光泽、色彩鲜艳，适合制作童装礼服以及舞台表演服装（图 2-42）。

图 2-40　适合童装的针织面料

图 2-41　适合休闲童装的牛仔面料

波点真丝　　真丝礼服缎　　天鹅绒　　小回纹格真丝织锦缎

砂洗真丝缎　　全桑蚕丝　　印花雪纺　　真丝丝绒提花

图 2-42　适合童装礼服的丝绸面料

拓展阅读

1. 了解面料选择

设计师在设计童装的过程中，对面料的选择取决于个人审美、消费者需求、设计类型和季节的需要。通过触摸感知面料的特性，选择合适的面料，才能产生满意的效果。

2. 面料选择的注意事项

(1) 设计的款式结构复杂时，应选择简单朴素的面料。

(2) 应强调面料的自然属性。

(3) 灵活运用不同质地面料的特性。

(4) 不要强制使用质感与造型不符的面料。

3. 面料选择需注意的细节问题

(1) 面料能否表现设计概念和主题，能否与整体风格一致？

(2) 面料能否满足市场需求，是否需要考虑消费者的需求和生活方式？

(3) 通过对面料进行技术和生产工艺等方面的改进，能否提升设计的整体表现力？

(4) 面料是否符合当下的流行趋势并有足够的发展前景？

童装设计要点

任务四　系列装展示

一、男女童系列

在设计系列童装时，设计师要考虑服装款式必须包含丰富的细节和多样的廓形，用轮廓鲜明的款式清晰地表达自己的理念，同时通过服装廓形多样化来体现系列感（图 2-43 ～图 2-45）。

二、亲子装

亲子装是当前一种新的消费潮流，服装个体之间既有共性又有个性。亲子装主要是成人服装和儿童服装的组合，包括母女装、父子装、姐妹兄弟装以及全家亲子装等。亲子装的设计应注意以下几点：

（1）款式呼应（图 2-46）；
（2）元素呼应（图 2-47）；
（3）同款搭配（图 2-48）。

图 2-43　男童系列组合

图 2-44　男女童混合系列

图 2-45　女童系列组合

图 2-46　同色系不同款式

图 2-47　廓形相同细节元素不同

图 2-48　廓形、面料、色彩相同

✂ 项目三
童装的风格与流行

基础目标

1. 了解影响童装流行的因素，通过分析童装作品，进一步了解不同风格童装的特点。

2. 了解导致童装流行的原因。

3. 了解并掌握童装的流行款式、色彩及面料。

4. 了解某一时期、某一地区童装的流行情况。

拓展目标

1. 掌握童装的款式、色彩、面料、图案、工艺装饰以及穿着搭配等方面的流行。

2. 掌握并能运用不同童装风格的设计元素进行设计。

3. 能结合各品牌视频完成设计任务。

任务一　童装风格

一、童装风格分类

1．优雅英伦风
沉稳的灰色系套装彰显英伦格调，蝴蝶结与荷叶边等细节会增加甜美感（图3-1）。

2．潮酷运动风
运动着装也可以帅气潮酷，袖侧字母织带、图案的运用使童装更有潮牌感。网眼、金属色面料让运动风更具质感，色块的拼接、字母的运用也更为多变（图3-2）。

3．街头休闲风
独具个性的搭配方式将街头风和小清新风完美地融合在了一起，形成了独具一格的时尚街头休闲风格（图3-3）。

4．度假风
度假风不可或缺的花朵和棕榈元素也可以不那么张扬，海星、水母等海洋元素也可以清新的姿态出现（图3-4）。

5．个性极简风
简约的色彩款式，通过极具设计感的细节改造，打造个性极简风（图3-5）。

图3-1　优雅英伦风

图3-2　潮酷运动风

图 3-3　街头休闲风

图 3-4　度假风

图 3-5　个性极简风

6．中式风

中式传统元素的加入，呈现出浓浓中式风（图 3-6）。

7．夸张戏剧风

超大褶边、蝴蝶结、袖型强调了华丽的外观，打造出量感和夸张效果，塑造出脱颖而出的吸睛单品（图 3-7）。

图 3-6　中式风

图 3-7　夸张戏剧风

二、品牌童装实例

品牌童装实例

1. 更多童装风格的分类

更多童装风格分类

2. 不同风格童装发布会视频

中国国际时装周
汪小荷·范湧
童装亲子装发布会

jnby by JNBY
童装发布会

巴黎 Bonpoint
童装发布会

马德里 Stilnyashka
童装发布会

拓展实训

任务二　童装的流行色

一、童装的流行色

色彩以柔和的自然色系和鲜亮的数字色系为主。甜美的粉蜡色、柔和的奶油杏仁色、雅致的雪松绿等自然色彩在环保的大主题下必将深受喜爱，而充满活力的日光黄、低调的巴黎蓝、鲜亮的樱桃番茄红和金属色则强调高级的数字质感。

（1）粉蜡色。粉蜡色搭配淡紫色、粉色、蓝色等典型色彩成为童装设计亮点，适合连衣裙、绒面外套、大衣等单品，为寒冷的秋冬注入一丝柔软和甜美（图3-8）。

图 3-8　甜美的粉蜡色

（2）奶油杏仁色。女装中备受青睐的卡其色系蔓延到童装，温暖柔和的奶油杏仁色特别适合秋冬大衣外套款式，同色系的搭配让整体造型极具亲和感（图3-9）。

（3）雪松绿。绿色调在秋、冬季显得沉稳深邃，与光泽质感的面料搭配，同色系深浅色调的组合，尽显别样雅致（图3-10）。

（4）日光黄。鲜亮的黄色调从春、夏季延续到秋、冬季，降低了饱和度的日光黄特别适合作为秋、冬季的点睛色彩，与厚重深色调搭配，既能凸显日光黄的活力，也不会显得过分轻薄无力（图3-11）。

（5）巴黎蓝。蓝色调能很好地驾驭运动、少淑风格，巴黎蓝与黑白色调、对比色调的搭配低调自然（图3-12）。

（6）樱桃番茄红。在春、夏季的重点颜色——橙色的基础上注入更多红色调的樱桃番茄红，显得更为沉稳，也更适合秋、冬季。樱桃番茄红可作为主要突出对象，搭配黑色、藏青等深色调让整体造型沉稳大气，亦可搭配米色、卡其色等打造生动鲜亮的秋冬造型（图3-13）。

（7）金属色。无论是打造未来感极强的棉羽绒款式的涂层面料，还是加入由金属丝线织造的特别适合秋冬礼服的提花缎面，都充满低调的奢华感，现代感十足（图3-14）。

图3-9　柔和的奶油杏仁色

图 3-10　雅致的雪松绿

图 3-11　充满活力的日光黄

图 3-11　充满活力的日光黄（续）

图 3-12　低调的巴黎蓝

图 3-13　鲜亮的樱桃番茄红

图 3-14　时尚现代的金属色

图 3-14 时尚现代的金属色（续）

二、流行色搭配实例

男童流行色实例运用

女童流行色实例运用

拓展实训

童装 T 台的色彩趋势

童装的流行款式

童装的流行元素

项目四
童装样板

基础目标

　　1. 掌握中国儿童服装号型系列及其控制部位数值、分档数值以及童装规格尺寸的设定。

　　2. 掌握童装原型衣身和袖子样板的制板方法。

　　3. 掌握各种变款童装的规格设计以及样板制板方法。

　　4. 提高童装样板制板技巧及服装 CAD 制板和手工制板的能力。

拓展目标

　　在已有款式样板的基础上，综合利用自身制板知识和技能，以系列装、亲子装进行款式制板训练。

任务一　童装原型

　　童装原型在平面裁剪上，是自童装内衣到童装外套服装制图的基础。本童装原型所针对的对象是 1 ～ 12 周岁的儿童。

　　童装衣身原型所需尺寸是穿着内衣后所测量的胸围尺寸和背长尺寸，在净胸围的基础上加放14 cm，以适应儿童身体的成长及较大的运动量。袖子原型是以衣身的袖窿尺寸与袖长作为基本尺寸进行制板的。

一、童装原型衣身样板（男、女通用）

1. 童装原型衣身各部位的名称

为了童装原型衣身制图方便，应确定童装原型衣身各部位的名称（图4-1）。

2. 童装原型衣身的立体构成

童装原型衣身的立体构成形式是：前身采用梯形原型，将前身胸围线以上的浮起余量全部挪至胸围线以下；后身采用箱式原型，将后身背宽线以上的浮起余量全部挪至后肩线上，用后肩省或缩缝进行处理。

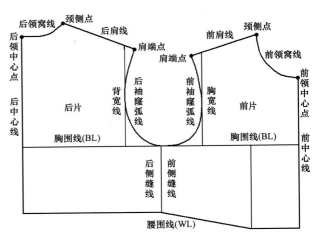

图4-1　童装原型衣身各部位名称

3. 童装原型衣身样板制图

童装原型衣身以胸围和背长为基准，各部分的尺寸是以胸围为基础计算尺寸或固定尺寸，适合正常体型。童装原型衣身基础线图和轮廓线图如图4-2、图4-3所示。

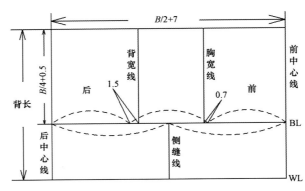

图4-2　童装原型衣身基础线图

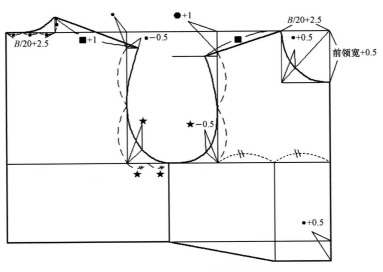

图4-3　童装原型衣身轮廓线图

童装原型衣身样板制图的步骤如下：

（1）制作长方形；

（2）制作胸围线；

（3）制作侧缝线；

（4）制作背宽线、胸宽线；

（5）制作后领弧线；

（6）制作前领弧线；

（7）制作后肩线；

（8）制作前肩线；

（9）制作后袖窿弧线；

（10）制作前袖窿弧线；

（11）制作前片腰线；

（12）修正弧线（图4-4）；

（13）修正袖窿弧线（图4-5）。

童装原型衣身制板

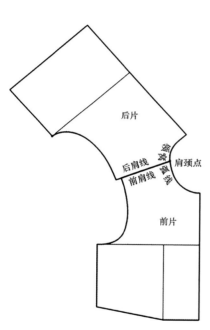

图4-4　童装原型衣身领口对位

图4-5　童装原型衣身肩部对位

二、童装原型袖子样板

1 童装原型袖子各部位的名称

为了童装原型袖子制图方便，应确定童装原型袖子各部位的名称（图4-6）。

2. 童装原型袖子样板制图

童装原型袖子是各种变款袖子制图的基础，是应用广泛的一片袖。绘制童装原型袖子必需的尺寸为原型衣身中前袖窿尺寸、后袖窿尺寸与袖长。童装原型袖子基础线图和轮廓线图分别如图4-7、图4-8所示。

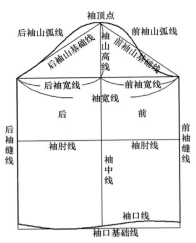

图 4-6　童装原型袖子各部位名称

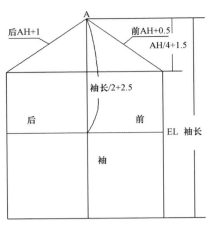

图 4-7　童装原型袖子基础线图

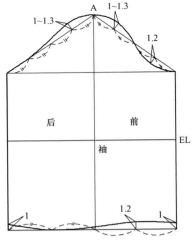

图 4-8　童装原型袖子轮廓线图

童装原型袖子样板制图的步骤如下：

（1）制作袖肥线基础线；

（2）制作袖山高线；

（3）制作后袖山基础线、前袖山基础线、袖宽线；

（4）制作袖中线；

（5）制作袖肘线；

（6）制作袖口线基础线；

（7）制作前侧缝线、后侧缝线；

（8）制作前袖山弧线；

（9）制作后袖山弧线；

（10）制作袖口线。

童装原型袖子制板

拓展实训

请分别使用服装 CAD 和手工制板的方法完成身高为 110cm、120cm、130cm 的儿童原型衣身和袖子的样板。

要求：

（1）所有样板要分别使用服装 CAD 和手工制板的方法完成。

（2）样板包括儿童原型衣身样板和袖子样板。

（3）在样板制作的过程中，要总结出不同身高儿童衣身样板和袖子样板具体部位尺寸的变化规律。

任务二 女童偏襟盘扣曲摆A字长裙

一、款式展示

款式宽松，无领偏襟，微喇叭袖，裙摆前短后长（图4-9、图4-10）。

图4-9 款式正面图　　　　图4-10 款式侧面图

二、规格设计

胸围 = 净胸围 + 放松量（10 ～ 16 cm）
裙长 = 背长 + 腰高 –（15 ～ 20 cm）
袖长 = 全袖长 –（5 ～ 8 cm）
不同身高女童各部位净尺寸及成衣尺寸见表4-1、表4-2。

表4-1　不同身高女童各部位净尺寸　　　　　　单位：cm

身高	背长	胸围	腰高	袖长
90	20	52	51	28
100	22	54	58	31
110	24	58	65	35
120	28	62	72	38
130	30	64	79	42

表4-2　不同身高女童各部位成衣尺寸　　　　　　单位：cm

身高	背长	胸围	裙长	袖长
90	20	66	51	20
100	22	68	60	23

身高	背长	胸围	裙长	袖长
110	24	72	69	27
120	28	76	80	30
130	30	78	89	34

三、样板制图（以身高 120 cm 为例）

1．衣身样板制图

女童偏襟盘扣曲摆 A 字长裙衣身样板制图（图 4-11）的步骤如下：

（1）制作前领弧线；

（2）制作前肩线；

（3）制作前袖窿弧线；

（4）制作后领弧线；

（5）制作后肩线；

（6）制作后袖窿弧线；

（7）制作后片下摆基础线；

（8）制作后片侧缝线；

（9）制作前片下摆基础线；

（10）制作前片侧缝线；

女童偏襟盘扣曲
摆 A 字长裙制板

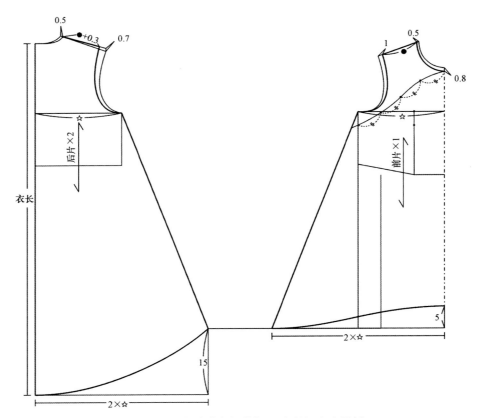

图 4-11　女童偏襟盘扣曲摆 A 字长裙衣身样板

（11）制作裙子曲线下摆；

（12）制作装饰性偏襟线、定装饰性扣子的扣位。

2．袖子样板制图

女童偏襟盘扣曲摆 A 字长裙袖子样板制图（图 4-12）的步骤如下：

（1）制作袖宽线基础线；

（2）确定袖山高；

（3）确定前袖山基础线；

（4）确定后袖山基础线；

（5）制作前、后袖山弧线；

（6）制作袖中线；

（7）制作袖下摆基础线；

（8）制作前、后袖侧缝线；

（9）制作袖口弧线。

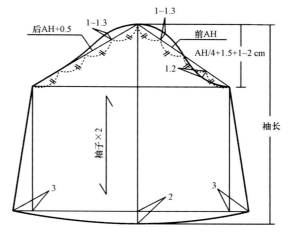

图 4-12　女童偏襟盘扣曲摆 A 字长裙袖子样板

拓展实训

请参照女童偏襟盘扣曲摆 A 字长裙的规格设计和样板制图，分别使用服装 CAD 和手工制板的方法完成图 4-13、图 4-14 所示款式上身、裙片和领子的样板。

要求：

（1）所有样板要分别使用服装 CAD 和手工制板的方法完成。

（2）样板包括上身、裙片和领子样板。

（3）请在净板的基础上完成工业样板的制图。

图 4-13　款式正面图

图 4-14　款式侧面图

任务三　女童露肩立领盘花连衣裙

一、款式展示

款式合体收身，立领盘花，露肩褶袖，腰部收褶，宽裙摆（图 4-15、图 4-16）。

图 4-15　款式正面图

图 4-16　款式侧面图

二、规格设计

胸围 = 净胸围 + 放松量（10～16 cm）

腰围 = 净腰围 + 放松量（10～13 cm）

裙长 = 背长 +（腰高 + 立档深）/2 +（10～15 cm）

不同身高女童各部位净尺寸及成衣尺寸见表 4-3、表 4-4。

表 4-3　不同身高女童各部位净尺寸　　　　　　　　　　单位：cm

身高	背长	胸围	腰围	腰高	立档深	袖长
90	20	52	50	51	21	28
100	22	54	52	58	22	31
110	24	58	54	65	22	35
120	28	62	56	72	23	38
130	30	64	58	79	23	42

表 4-4　不同身高女童各部位成衣尺寸　　　　　　　　　　单位：cm

身高	背长	胸围	腰围	裙长	领宽
90	20	66	60	66	3
100	22	68	62	72	3
110	24	72	64	78	3
120	28	76	66	86	3
130	30	78	68	91	3

三、样板制图（以身高 120 cm 为例）

1．女童露肩立领盘花连衣裙衣身样板

女童露肩立领盘花连衣裙前、后上身样板和前、后身裙片样板如图 4-17、图 4-18 所示。

（1）前上身样板制图的步骤如下：

①制作前肩线；

②制作前领口弧线；

③制作前袖窿弧线；

④制作前侧缝线；

⑤制作前腰省。

（2）后上身样板制图的步骤如下：

①制作后肩线；

②制作后领口弧线；

③制作后袖窿弧线；

④制作后侧缝线；

⑤制作后腰省。

（3）前、后身裙片样板制图的步骤相同，具体如下：

①制作腰围线；

②定裙长；

③制作下摆线。

2．女童露肩立领盘花连衣裙袖子样板

女童露肩立领盘花连衣裙袖子样板如图 4-19、图 4-20 所示。

女童露肩立领盘花连衣裙袖子样板制图的步骤如下：

（1）制作袖肥线基础线；

（2）确定袖山高；

（3）确定前袖山基础线；

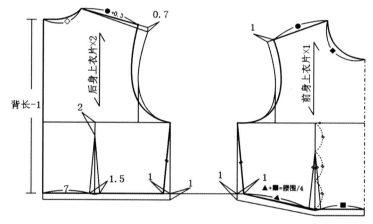

图 4-17　女童露肩立领盘花连衣裙前、后上身样板

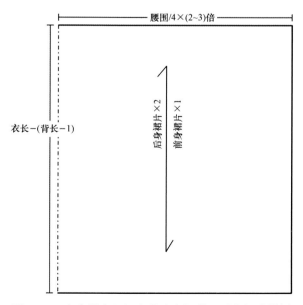

图 4-18　女童露肩立领盘花连衣裙前、后身裙片样板

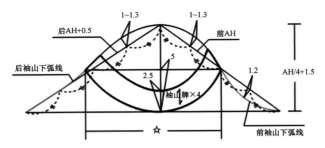

图 4-19　女童露肩立领盘花连衣裙袖山牌样板

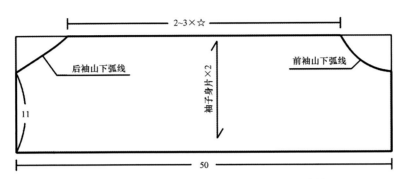

图 4-20　女童露肩立领盘花连衣裙袖子身片样板

（4）确定后袖山基础线；

（5）制作前袖山弧线；

（6）制作后袖山弧线；

（7）制作袖山牌下弧线；

（8）制作袖山牌上弧线；

（9）制作袖子身片。

3．女童露肩立领盘花连衣裙领子样板

女童露肩立领盘花连衣裙领子样板如图 4-21 所示。

女童露肩立领盘花连衣裙领子样板制图的步骤如下：

（1）制作装领辅助线；

（2）制作装领线；

（3）制作后领中心线；

（4）制作前领领角辅助线；

（5）制作领外口线。

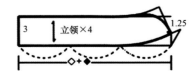

图 4-21　女童露肩立领盘花连衣裙领子样板

拓展实训

　　请参照女童露肩立领盘花连衣裙的规格设计和样板制图，分别使用服装 CAD 和手工制板的方法完成图 4-22、图 4-23 所示款式衣身、袖子、领子的样板。

　　要求：

　　（1）所有样板要分别使用服装 CAD 和手工制板的方法完成。

　　（2）样板包括衣身样板、袖子样板、领子样板。

　　（3）请在净板的基础上完成工业样板的制图。

图 4-22　款式正面图

图 4-23　款式侧面图

任务四　女童荡褶圆摆上衣

一、款式展示

　　款式宽松，立领包边，七分袖，圆摆，两侧开衩（图 4-24 ~ 图 4-26）。

二、规格设计

　　胸围 = 净胸围 + 放松量（10 ~ 16 cm）
　　衣长 =2 × 背长

图 4-24　款式侧面图　　　　图 4-25　款式正面图　　　　图 4-26　款式背面图

不同身高女童各部位净尺寸及成衣尺寸见表 4-5、表 4-6。

表 4-5　不同身高女童各部位净尺寸　　　　　　　　单位：cm

身高	背长	胸围	袖长
90	20	52	28
100	22	54	31
110	24	58	35
120	28	62	38
130	30	64	42

表 4-6　不同身高女童各部位成衣尺寸　　　　　　　　单位：cm

身高	背长	胸围	衣长	袖长
90	20	68	40	24
100	22	70	44	26
110	24	74	48	30
120	28	78	56	32
130	30	80	60	36

三、样板制图（以身高 120 cm 为例）

1. 女童荡褶圆摆上衣衣身样板

女童荡褶圆摆上衣衣身样板如图 4-27 所示。

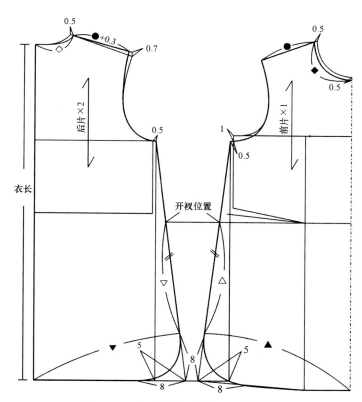

图 4-27　女童荡褶圆摆上衣衣身样板

（1）前片样板。

前片样板制图的步骤如下：

①制作前肩线；

②制作前领口弧线；

③制作前袖窿弧线；

④制作前片侧缝线；

⑤制作前片下摆线；

⑥制作前片圆摆。

（2）后片样板。

后片样板制图的步骤如下：

①制作后肩线；

②制作后领口弧线；

③制作后袖窿弧线；

④制作后片侧缝线；

⑤制作后片下摆线；

⑥制作后片圆摆。

（3）荡褶底摆样板。

前、后片荡褶底摆样板如图 4-28、图 4-29 所示。前、后片荡褶底摆样板制图的步骤相同，具体如下：

①制作荡褶底摆上弧线；

②确定荡褶底摆长；

③制作荡褶底摆下弧线。

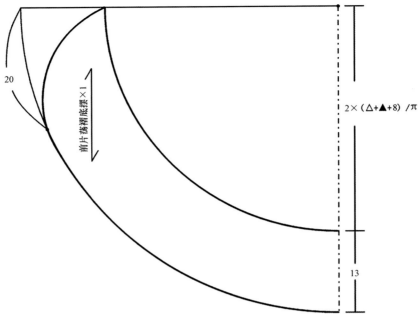

图 4-28　女童荡褶圆摆上衣前片荡褶底摆样板

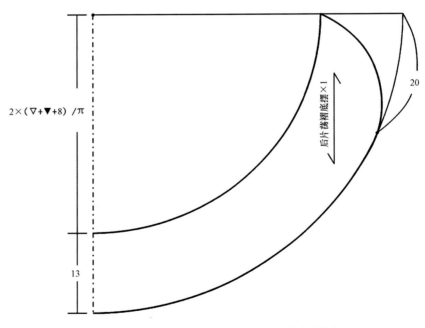

图 4-29　女童荡褶圆摆上衣后片荡褶底摆样板

2．女童荡褶圆摆上衣袖子样板

女童荡褶圆摆上衣袖子样板如图 4-30 所示。

女童荡褶圆摆上衣袖子样板制图的步骤如下：

（1）制作袖肥线基础线；

（2）确定袖山高；

（3）确定前袖山基础线；

（4）确定后袖山基础线；

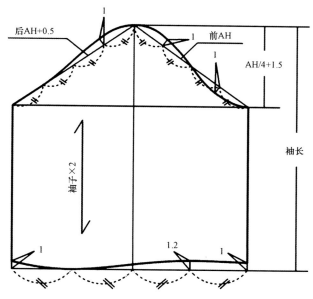

图 4-30　女童荡褶圆摆上衣袖子样板

（5）制作前袖山弧线；

（6）制作后袖山弧线；

（7）制作袖中线；

（8）制作袖下摆基础线；

（9）制作前、后袖侧缝线；

（10）制作袖口下摆线。

3．女童荡褶圆摆领子样板

女童荡褶圆摆领子样板如图 4-31 所示。

女童荡褶圆摆领子样板制图的步骤如下：

（1）制作装领辅助线；

（2）制作装领线；

（3）制作后领中心线；

（4）制作前领领角辅助线；

（5）制作领外口线。

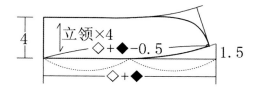

图 4-31　女童荡褶圆摆上衣领子样板

拓展实训

　　请参照女童荡褶圆摆上衣的规格设计和样板制图，分别使用服装 CAD 和手工制板的方法完成图 4-32 所示款式上衣衣身、袖子、领子的样板。

　　要求：

　　（1）所有样板要分别使用服装 CAD 和手工制板的方法完成。

　　（2）上衣样板包括衣身样板、袖子样板、领子样板。

　　（3）请在净板的基础上完成工业样板的制图。

图 4-32　款式正面图

任务五　男童外套

一、款式展示

款式合身，直角立领，半袖，下摆横襕拼接，两侧开叉（图 4-33）。

二、规格设计

胸围 = 净胸围 + 放松量（17 ~ 24 cm）
衣长 = 身高 ×0.5 +（0 ~ 5 cm）
不同身高男童各部位净尺寸见表 4-7、表 4-8。

图 4-33　款式正面图

表 4-7　不同身高男童各部位净尺寸　　　　　　　　　单位：cm

身高	背长	胸围	全袖长
90	23	50	28
100	25	54	31
110	28	56	35
120	30	60	38
130	32	64	42

表 4-8　不同身高男童各部位成衣尺寸　　　　　　　　单位：cm

身高	衣长	胸围	袖长	袖头宽
90	48	68	20	2
100	54	72	22	2
110	60	74	25	2
120	65	78	27	2
130	70	82	30	2

三、样板制图（以身高 120 cm 为例）

1．男童外套衣身前、后片样板

男童外套衣身前、后片样板如图 4-34 所示。

男童外套衣身前、后片样板制图的步骤如下：

（1）制作前领弧线；

（2）制作前肩线；

（3）制作前袖窿弧线；

（4）制作后领弧线；

（5）制作后肩线；

（6）制作后袖窿弧线；

（7）制作后片下摆基础线；

（8）制作后片侧缝线和开衩止点；

（9）制作前片下摆基础线；

（10）制作前片侧缝线和开衩止点；

（11）制作后片下摆线；

（12）制作前片下摆线；

（13）制作止口线；

（14）定扣位；

（15）制作挂面线；

（16）制作前片拼接线；

（17）制作后片拼接线。

2．男童外套袖子样板

男童外套袖子样板如图 4-35 所示。

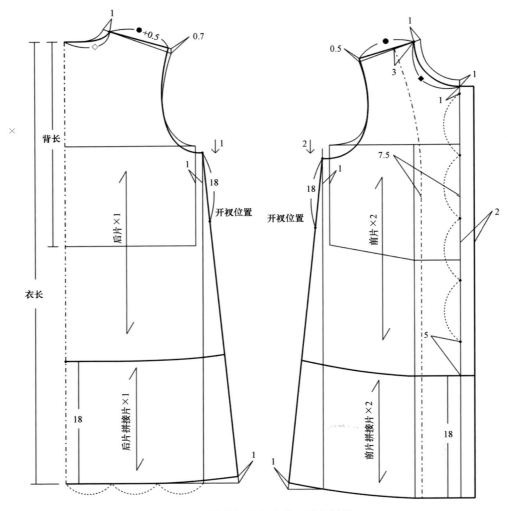

图 4-34 男童外套衣身前、后片样板

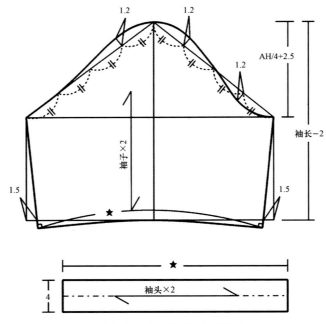

图 4-35 男童外套袖子样板

男童外套袖子样板制图的步骤如下：

（1）制作袖宽线基础线；

（2）确定袖山高；

（3）确定前袖山基础线；

（4）确定后袖山基础线；

（5）制作前袖山弧线；

（6）制作后袖山弧线；

（7）制作袖中线；

（8）制作袖下摆基础线；

（9）制作前、后袖侧缝线；

（10）制作袖口线；

（11）制作袖头。

3．男童外套领子样板

男童外套领子样板如图 4-36 所示。

男童外套领子样板制图的步骤如下。

（1）制作装领辅助线；

（2）制作装领线；

（3）制作后领中心线；

（4）制作前领领角辅助线；

（5）制作领外口线。

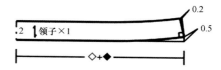

图 4-36　男童外套领子样板

拓展实训

　　请参照男童外套的规格设计和样板制图，分别使用服装 CAD 和手工制板的方法完成图 4-37 所示款式衣身、袖子、领子的样板。

　　要求：

　　（1）所有样板要分别使用服装 CAD 和手工制板的方法完成。

　　（2）样板包括衣身样板、袖子样板、领子样板。

　　（3）请在净板的基础上完成工业样板的制图。

图 4-37　款式正面图

项目五
新国风童装

基础目标

1. 了解品牌风格类型，掌握新国风童装设计方法。
2. 掌握中国传统元素符号。
3. 了解品牌发布会策划内容与程序。

拓展目标

1. 掌握品牌风格的延续性。
2. 掌握传统饰品设计拓展与技能操作。
3. 拓展自身设计理念思维方式，扩大设计范围，以产品进行设计延伸。

任务一　中国传统元素符号

　　童装轻奢风的兴起，让新国风风格多了一丝时尚、精致的韵味，越来越符合当下人们的审美追求。传统中式风格沉淀千年，经过无数岁月沧桑与历史的洗礼，仍然魅力不减，散发着浓郁的东方美学情调。但在时代变迁的影响下，其又巧妙地融合了现代特色。它以现代元素与传统元素相结合的方式，表达了人们对清雅含蓄的东方式精神境界的追求，让传统艺术在现代生活中得以延续。

　　新国风不是单纯的元素堆砌，而是通过简洁而不失质感的设计，让传统元素与现代元素和谐地融合在一起，展现现代都市气息。其造型线条中西合璧，色彩搭配素雅简淡，以亮色作为点缀；在材质运用上，虽然仍以质朴无华的棉麻为主，但也大胆地采用高贵的天然材料（真丝）与合成纤维等现代材料进行混搭，在统一格调之余，又赋予新国风风格更加奢华的魅力。新国风与轻奢风的巧妙碰撞，为现代童装注入了一股时尚高雅的气息（图5-1）。

新国风童装款式展示

图 5-1　新国风

一、刺绣、团扇

　　刺绣蕴藏了千年文化的灵动气韵。团扇寄托着中国人遥远又美好的情愫。

　　团扇和刺绣扎根于中国，是历史悠久的物件和技艺，在传统中透着古意。当现代审美遇上这两样传统物件和技艺，会呈现怎样让人期待的作品？

　　如图5-2所示，点翠、蕾丝、绢花、焊接、金工、钉珠，这些或平凡或贵重或朴实或华丽的绣材和工艺，与钩针刺绣、印度丝绣、法式刺绣等多种绣法相结合，被安置在团扇之中，恰如其分地透着灵气；将天马行空的想象编织成五彩斑斓的丝线，方寸之间，尽显才思、创意、技巧和真情。

图 5-2　刺绣、团扇

二、盘扣

有人说，盘扣是最美的生活符号。盘扣脱胎于中国结的形，继承上古时期绳结记事的久远记忆。盘扣，在盘与扣之间，将时间与记忆一并缠绕成衣衫上最美的花样年华。

盘扣似乎美得不经意，却藏着设计师精心折叠的光阴，想要做出一枚古相端庄的盘扣，看似简单，实则不易。由素简的布条到花样多变的盘扣，其或自然清丽如莲花，或生动如游鱼，一折一盘，自然的山水、花鸟都落入衣衫之间，每道工序都需要极大的耐性，需要极其细腻的心思，有的需要借助铜氨丝与针来固定花型，以防止花型走样，这个过程十分严苛，半日光阴过去，或许才能盘出几枚，却总是仪态万千、古相端庄（图5-3、图5-4）。

如图5-5所示，在童装上复现这些美丽吉祥的意象，承载了人们对生活的美好愿望，衣服本身是无生命的，却因为这花样的盘扣而有了生命，成为人们眼中别样的风景。

盘扣制作过程

图 5-3　硬扣盘花

盘扣在设计中的应用
（一）

盘扣在设计中的应用
（二）

图 5-4　手工盘花

图 5-5　领部的不同盘花

三、水墨、丹青

　　心中若有桃花源，何处不是水云间！中国人对山水的审美有着悠久的传统。庄子曾说"独与天地精神往来"，那怎样与天地精神往来呢？水墨、丹青的最高境界乃人与天地的完美融合。千百年来，多少诗人墨客将人生的意义寄托在山水之间。中国的美学范围广泛，大到亭台楼阁山水，小到鱼虫花鸟细草，令人惊叹。把这些元素用于童装设计中，不失为对国学文化的一种传承（图 5-6 ～ 图 5-11）。

水墨（一）

水墨（二）

图 5-6　水墨渲染

图 5-7　山水诗画

图 5-8　桃花源记

图 5-9　工笔花鸟

图 5-10　印章书法

图 5-11　青山绿水

书法诗画

中国元素盘点

中国书法、篆刻印章、国画、剪纸、中国结、秦砖汉瓦、兵马俑、京戏脸谱、皮影、武术、太极、团扇、壁画、红灯笼（宫灯、纱灯）、木版水印、钟鼎文、汉代竹简、甲骨文、文房四宝（砚台、毛笔、宣纸、墨）、乐器（筝、笛、二胡、鼓、古琴、琵琶等）、丝绸、龙凤纹样（饕餮纹、如意纹、雷纹、回纹、巴纹）、祥云图案、中国织绣（刺绣等）、蜡染、扎染、唐诗、宋词、三十六计、孙子兵法、《西游记》、《红楼梦》、《三国演义》、《水浒传》、《诗经》、汉字、彩陶、紫砂壶、中国瓷器、景泰蓝、玉雕、玉佩、中国漆器、古代兵器（盔甲、剑等）、青铜器（鼎）、对联、门神、年画、鞭炮、谜语、舞狮、月饼、糖葫芦、茶、鸟笼、盆景、五针松、竹、牡丹、梅花、莲花、大熊猫、鲤鱼、五角星、红领巾、长江、黄河、皇冠、凤冠霞帔、虎头鞋、绣花鞋、旗袍、肚兜、斗笠、铜镜、大花轿、水烟袋、鼻烟壶、长城、园林、牌坊、寺院、古钟、古塔、庙宇、亭台、民宅、如意、烛台、罗盘、八卦、象棋、围棋、长命锁、古钱。

任务二　品牌实例

品牌实例一：
叶子·映画

品牌实例二：
综合

品牌实例三：
潮范儿中国风

一、叶子·映画

（1）品牌介绍：叶子·映画为独立设计师的原创品牌，目标定位是 3～12 岁的儿童，以质朴的棉麻、高贵的真丝等东方元素的设计理念，配以精致的工艺，诠释生命中最本真的色彩。该品牌分为生活装和舞台演绎服装两大类，为儿童提供全方位的选择。其倡导儿童国学文化理念，既为各界儿童打造唯美舒适的国风之韵，又引领时尚潮童的流行趋势，两种文化的碰撞与相融是本品牌的一大特色（图 5-12）。

（2）品牌风格：中西合璧，融会贯通，西式的气场与中式的气韵完美结合。

（3）设计理念：设计灵感取之于中国画，以山水、花鸟、水墨、风月、亭台楼阁等为设计元素，或浓妆或淡抹，疏而不空，满而不溢，尽显诗意之美。

（4）采用面料：丝麻、棉麻、真丝纱、真丝缎、真丝双绉、提花锦缎、数码印花、真丝绡（图 5-13 ~ 图 5-15）。

图 5-12　叶子·映画品牌形象

图 5-13　云纹锦缎

图 5-14　真丝绡缎

图 5-15　真丝纱缎

拓展实训

1. 手工包设计

图 5-16 所示为手工包主款，图 5-17 所示为参照主款设计出的其他款式，请参照主款自行设计其他款式手工包。

图 5-16　主款　　　　　　　　　　　图 5-17　其他款式手工包

2. 绣片挂件设计

图 5-18 所示为绣片挂件主款，图 5-19 所示为参照主款设计出的其他款式，请参照主款自行设计新的绣片挂件款式。

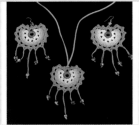

图 5-18　主款　　　　　　　　　　　图 5-19　其他款式绣片挂件

二、"汪小荷"品牌

（1）品牌介绍："汪小荷"童装诞生于 2008 年，目标定位是 3～12 岁的女童，其以"在每一个重大节日、重要场合，都能让小朋友穿着本民族的礼服"为使命。"汪小荷"中式礼服以其高贵、经典、隆重、优雅和浓重的中国风深受儿童的喜爱。其主要为儿童设计生活中不同场合穿着的服装和饰品（图 5-20）。

（2）品牌设计理念："小荷才露尖尖角，早有蜻蜓立上头"体现出品牌的绿色、自然、环保的设计理念。在传统文化底蕴下，其令人们看到传统文化熏陶下中国女孩的温婉、典雅。其服装中既保留了中式传统工艺，如手工包边、盘扣、刺绣、印花，又注入了时尚元素，创造出中西合璧的新中式经典童装。

（3）品牌风格：典雅、简洁、时尚、精致；追求古典诗词中的文化意境，展示阳光向上自然的美，体现女童纯洁美丽的心灵成长历程（图 5-21）。

图 5-20　"汪小荷"品牌形象

图 5-21　"汪小荷"品牌风格

（4）款式、色彩与图案：颜色多以红、粉、透明糖果色为主，恰如女孩单纯、可爱的性格特征；图案以色彩饱和度较高的月季、牡丹、蝴蝶等传统纹样为主，将中国元素贯穿在四季的服装中，最受女童喜爱的是冬季以改良旗袍为设计元素的节日装，这些款式既表达了中国传统情怀，又不失孩童可爱、俏皮的特点。

（5）采用面料：该服装品牌所使用的面料绝大多数为全棉和丝织锦缎，面料通过各种绣花印花、提花和印染的工艺处理呈现丰富的视觉变化。

拓展实训

（1）配饰："汪小荷"童装带有浓郁的民族特色，其配饰有绣花包、娃娃包、月亮包、太阳花包、圆形扁包等。在包上有刺绣、流苏、羊毛等装饰，浓浓的民族特色在细节处体现。其鞋子多是绣花布鞋、小皮鞋、小皮靴。请学生收集查阅"汪小荷"品牌的各种配饰。

（2）发型："汪小荷"品牌的模特在发型上采用中式风格，一般为两边或一侧的包包头。两边的方法是以头部中央为中心，把头发分成两部分，分别用皮筋束起来，再分别把头发拧起来，用发夹固定住（图5-22）。请学生尝试为品牌模特设计发型。

（3）节日装："汪小荷"品牌的节日装富有浓郁、典型的中国特色，具有的中国代表性元素比较多（图5-23）。请学生收集查阅中国其他类似品牌的信息。

图5-22　"汪小荷"品牌发型妆面　　　　　图5-23　"汪小荷"品牌的节日装

拓展阅读

"叶子·映画"童装发布会策划与展演

1. 品牌 logo

"叶子·映画"品牌 logo 如图 5-24 所示。

2. 展演主题

主题一："缕缕春风似剪刀，裁出诗意满画楼"。该主题设计中透着一种超然，将绘画的美学、制作中的技艺融入作品，以质朴的棉麻、高贵的真丝制作有情怀的服饰，让儿童感受国风之韵以及至真至纯的自然之美。唯美的画风、美妙的乐章，让服装有了"春风十里"的意境，设计师以独特的语言道出一幅幅水墨兰亭。数码印花图案以山水、花鸟、水墨、风月为设计元素，疏而不空，满而不溢，尽显古风余韵（图 5-25、图 5-26）。

图 5-24 "叶子·映画"
品牌 logo

图 5-25 《鸟语花香》

图 5-26 《映日荷花》

主题二：芳草衣襟，画扇练裙，携一童于画中游，正是人间美景！该主题以亲情至上为设计灵感，配以中国画颜料中的月白、石绿、丹砂、藕荷、青黛，至纯至美。服装清新雅致，透着一股超然，呈现简约的画意诗情，让儿童以本真的姿态去寻觅美（图 5-27）。

图 5-27 《人在画中游》

3．背景设计

背景设计如图 5-28 所示。

图 5-28　净版

背景设计（一）

背景设计（二）

背景设计（三）

4．发型与妆面

"叶子·映画"品牌模特的发型与妆面根据服装的造型色彩、模特的相貌肤色进行设计，符合中式发型与现代风格，妆面干净明朗，有色调感（图 5-29、图 5-30）。

图 5-29　发型现代、妆面浓重　　　　图 5-30　发型简洁、妆面优雅

5．服装走秀音乐

（1）音乐人简介：李志辉是 NEW AGE（新世纪音乐）作曲家、环保音乐家、地理音乐家、音乐治愈系大师、《带着你的耳朵去旅行》音乐会创始人，他是一位具有独特气质的音乐家，极富艺术天赋与创造才华，对音乐的热忱和执着与生俱来。

（2）音乐风格：飘逸脱俗，唯美清新、仙气缭绕，融入民族乐器丝竹的东方元素与西方柔和温暖的电音元素，完美体现中国古典音乐的风骨和现代音乐的动感。

（3）音乐灵感：来自中国悠久的历史文化与人文情怀，用现代音乐的表达方式，挖掘中国文化的底蕴，提炼精髓。犹如浓墨淡彩的水墨画徐徐展开，娓娓道来，诉说着对大自然的崇敬和对中国文化的眷恋情愫。

（4）代表作品：《水墨兰亭》《溪行桃花源》《紫禁花园》《平遥古韵》《千江有月千江水》。

（5）其他相关音乐人请学生自行下载查阅：吉田洁《遥远的旅途》，徐梦圆《China-l》系列，雅尼《与兰花在一起》《夜莺》。

李志辉《水墨兰亭》
（走秀音乐）

6．舞台灯光设计

舞台灯光设计如图5-31～图5-33所示。

7．实景式秀场

实景式秀场如图5-34～图5-36所示。

图 5-31　"叶子·映画"品牌秀场

图 5-32　重庆国潮少儿时装周

图 5-33　中原国际时装周

舞台灯光设计（一）

舞台灯光设计（二）

图 5-34　团扇式秀场

图 5-35　屏风式秀场

图 5-36　竹林式秀场

实景式秀场：竹林
（一）

实景式秀场：竹林
（二）

实景式秀场：竹林
（三）

实景式秀场：竹林
（四）

实景式秀场：团扇
（一）

实景式秀场：团扇
（二）

8．服装脚本

（1）准备模卡；

（2）服装号型编排；

（3）模特着装持号牌拍照；

（4）做好记录板，按系列排出出场顺序。

9．彩排

（1）服装归类（图 5-37）；

（2）模特试装，候场（图 5-38）；

（3）熟悉 T 台展示顺序；

（4）定点位置；

（5）暖场灯光调试（图 5-39）。

服装脚本

彩排现场（一）

彩排现场（二）

图 5-37　服装归类

图 5-38　模特试装，候场

图 5-39　暖场灯光调试

10. 完整版发布会欣赏

大连时装周"丝情
画衣"2018 春夏
"叶子·映画"
童装发布会

叶淑芳"寻美记"2019
春夏"叶子·映画"
亲子装发布会

REFERENCES

参考文献

［1］［美］史蒂文·费尔姆.国际时装设计基础教程2：系列时装设计与应用［M］.曹帅，译.北京：中国青年出版社，2012.

［2］［英］凯瑟琳·麦凯维，詹莱茵·玛斯罗.时装设计：过程、创新与实践［M］.郭平建，武力宏，况灿，译.北京：中国纺织出版社，2005.

［3］刘晓刚.服装设计4：童装设计［M］.上海：东华大学出版社，2008.